대학을 졸업하고도 직장을 구하지 못해서
여기저기 돈을 빌리고 다녔던 사람,
그러나 26살 때 갑자기 천재성을 발휘하여
세상에서 제일 유명한 과학자가 된 사람.
아인슈타인의 이야기가 펼쳐집니다.

나의 첫 과학책 13

별난 천재 과학자

알베르트 아인슈타인

박병철 글 | 토리 그림

휴먼
어린이

19세기 말, 그러니까 1890년대에 자연 과학자들은
이제 과학으로 알아낼 수 있는 건 다 알아냈다고 생각했습니다.
이미 여러 과학자들이 발견한 과학 법칙을 이용하면
자연 현상을 거의 다 설명할 수 있었기 때문이지요.
과학자들은 지난 천 년 동안 쌓아 온 업적을 흐뭇한 표정으로 바라보면서
자신만만하게 말했습니다.

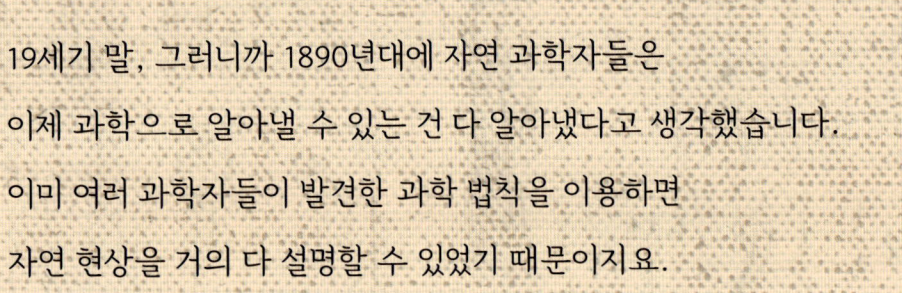

이제 우리가 할 일은 끝났다!

그러나 이것은 엄청난 착각이었습니다.
눈에 보이지 않는 아주 작은 물체와 속도가 아주 빠른 물체의 운동을 이해하려면
완전히 새로운 이론이 필요하다는 사실을 몰랐던 것입니다.
바로 이 무렵에 한 젊은 과학자가 혜성처럼 등장하여
빠르게 움직이는 물체에 대한 새로운 이론을 발표했습니다.
250년 동안 진리로 여겨졌던 뉴턴의 물리학을 과감하게 뜯어고쳐서
그 유명한 **상대성 이론**을 완성한 천재,
그의 이름은 **알베르트 아인슈타인**이었습니다.

아인슈타인은 1879년 3월 14일에 독일에서 태어나
뮌헨이라는 도시에서 학교를 다녔습니다.
그런데 1894년에 온 가족이 아인슈타인을 친척 집에 맡기고
사업을 위해 이탈리아로 이사를 가 버렸습니다.
아버지는 아들의 독립심을 키워 주려고 그렇게 했지만,
15살의 아인슈타인에게는 독립심보다 가족이 중요했나 봅니다.

교장 선생님: 이게 뭔가?

아인슈타인: 의사 선생님께서 써 준 진단서예요. 제가 우울증이래요.

교장 선생님: 자네처럼 똑똑하고 성실한 학생이 우울증이라니!

아인슈타인: 이런 상태로 학교에 계속 다녔다간 병이 더 심해질 거래요.

교장 선생님: 그래서, 학교를 그만두고 부모님이 계신 곳으로 가겠다는 건가?

아인슈타인: 네. 가족하고 같이 살면 병이 나아질 거래요. 제발 보내 주세요!

그리하여 아인슈타인은 고등학교 1학년 때 학교를 그만두고
부모님이 있는 이탈리아로 가서
곧바로 대학에 들어가기 위한 공부를 시작했습니다.
고등학교도 졸업 안 한 학생이 바로 대학에 들어가겠다니, 참 꿈도 야무졌지요.
다음 해에 아인슈타인은 대학 입학 시험을 보았는데,
수학과 물리학에서는 최고 점수를 받았지만
문학과 역사 과목의 점수가 낮아서 결국 떨어지고 말았습니다.

실망한 아인슈타인은 고등학교에 다시 들어가 1년을 더 공부한 뒤
다음 해에 가장 좋은 성적으로 취리히 공과 대학에 합격했습니다.
그런데 대학교에 입학한 직후부터 집안 사정이 갑자기 나빠지는 바람에
아인슈타인은 단 하루도 마음 편할 날이 없었습니다.

다른 학생들은 틈틈이 일을 하면서 스스로 학비를 벌고 있는데
나는 아직도 가난한 부모님께 손을 벌리고 있으니
나 같은 건 이 세상에 태어나지 말았어야 해……

아인슈타인은 1900년에 대학교를 졸업한 후 곧바로 대학원에 들어갔습니다.
그리고 같은 학교에 다니는 밀레바 마리치라는 여학생과 사귀기 시작했지요.
두 사람은 당장 결혼하고 싶었지만
부모님은 밀레바의 몸이 건강해 보이지 않는다며 반대했습니다.
게다가 주변 친구들은 모두 취직을 했는데
아인슈타인만 일자리를 구하지 못해서 어렵게 살아가고 있었습니다.

훗날 세계 최고의 과학자가 될 사람치고는
잘 풀리는 일이 정말 하나도 없었지요.
그 모습을 보다 못한 한 선배가 아인슈타인을 찾아와 말했습니다.

선배: 알베르트, 특허청*에서 일할 생각 있니? 내가 추천서를 써 줄게.
아인슈타인: 전 아직 대학원에서 공부 중인데, 그게 가능하겠어요?
선배: 곧 결혼한다며? 그러면 아내와 아이를 먹여 살려야 할 거 아냐.
잔말 말고 당장 가서 면접부터 보라고!

● **특허청** 각종 특허를 심사하고 특허와 관련된 분쟁을 해결하는 정부 기관.

얼떨결에 스위스 특허청의 말단 직원이 된 아인슈타인은
난생처음으로 안정적인 생활을 할 수 있게 되었습니다.
그 덕분에 다음 해인 1903년에는 밀레바와 결혼식도 올렸지요.
하지만 장차 물리학 박사가 될 사람에게
특허청은 별로 어울리는 직장이 아니었습니다.

아인슈타인은 매일 아침 출근해서 하루 종일 일을 하고
퇴근 후에는 집에서 밤늦은 시간까지 물리학 연구에 몰두했습니다.
그는 어린 시절부터 **빛**에 관심이 아주 많았는데,
그동안 돈 때문에 어려움을 겪으면서 계속 미뤄 오다가
이제야 본격적으로 연구할 기회가 찾아온 것입니다.

소리, 물결, 진동하는 끈, 빛… 이런 것을 뭉뚱그려서 **파동**이라고 합니다.
다시 말해, '무언가가 빠르게 진동하면서 퍼져 나가는 현상'이지요.
그런데 한곳에서 시작된 파동이 다른 곳으로 전달되려면
파동을 전달하는 물질인 **매질**이 있어야 합니다.
소리의 매질은 공기이고, 물결의 매질은 물이고,
진동하는 끈은 끈 자체가 매질의 역할을 하지요.

이것은 정말 파격적인 주장이었습니다. 간단한 예를 들어 볼까요?

여기, 지유와 민호가 야구공으로 캐치볼을 하고 있습니다.

지유가 던진 공은 시속 70킬로미터의 속도로 민호에게 날아갑니다.

그런데 지유가 자동차를 타고 빠르게 달리면서 아까와 같은 힘으로 공을 던지면

공은 아까보다 빠른 속도로 민호를 향해 날아갈 것입니다.

이제 똑같은 실험을 야구공 대신 빛으로 해 봅시다.

지유가 민호를 향해 플래시를 켜면

빛은 초속 30만 킬로미터의 속도로 민호에게 도달합니다.

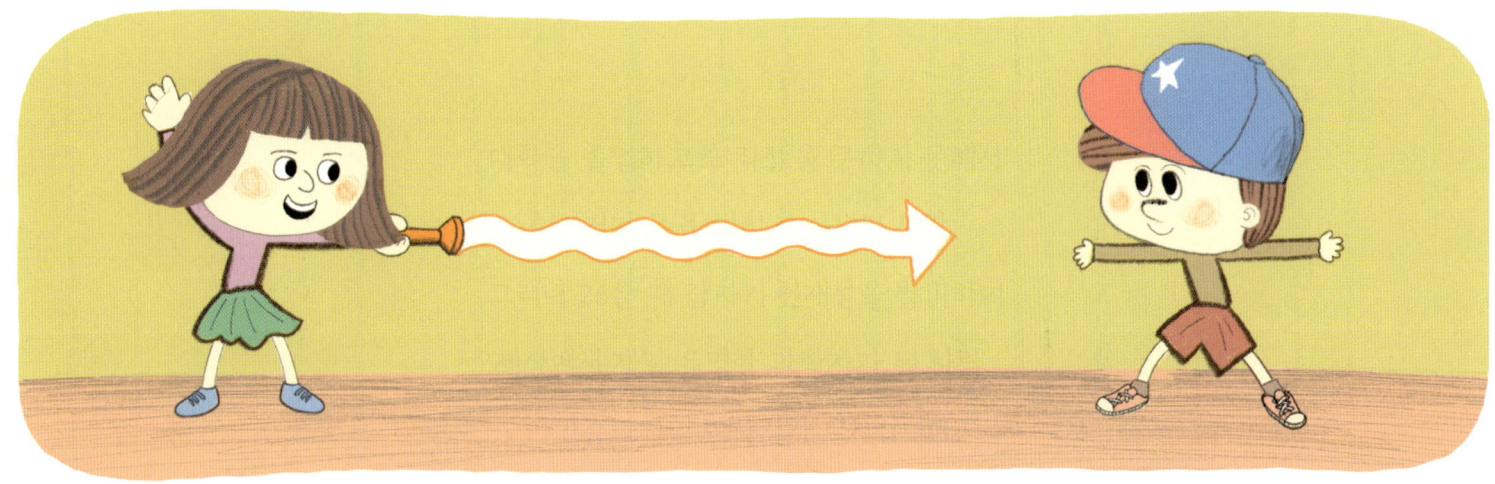

그런데 지유가 자동차를 타고 빠르게 달리면서 플래시를 켠다면

민호를 향해 날아가는 빛은 아까보다 속도가 빨라질까요?

아닙니다. 이런 경우에도 빛은 여전히 초속 30만 킬로미터로 민호에게 도달합니다.

자동차의 속도가 아무리 빨라도 빛의 속도는 달라지지 않습니다.

왜냐고요? 그 이유를 아는 사람은 아무도 없답니다.

빛은 원래부터 그런 특이한 성질을 갖고 있었는데, 우리가 몰랐던 것뿐이지요.

아인슈타인은 또 한 가지 중요한 사실을 알아냈습니다.
그 내용을 이해하기 위해, 이번에는 우주로 나가 볼까요?
아무것도 없이 텅 빈 우주 공간에 지유가 혼자 떠 있습니다.
지금 지유는 민호를 찾는 중입니다. 이 근처에서 만나기로 했거든요.
어느 순간, 지유는 저 먼 곳에서 자기를 향해 다가오는 민호를 발견했습니다.
그런데 민호의 속도가 꽤 빠르네요. 약속 시간에 늦어서 마음이 급한가 봅니다.

이러다가 우주에서 싸움 나겠네요. 대체 누구 얘기가 맞는 걸까요?

마침 지유의 머리 위에는 떠돌이별 하나가 떠 있었습니다.

지유: 저기 좀 봐. 저 별은 아까부터 내 머리 위에 떠 있었는데 지금도 그 자리에 있잖아. 그러니까 움직인 건 너야. 제발 그만 좀 우겨.

민호: 그게 아니야. 내가 분명히 봤는데, 별이랑 너랑 한꺼번에 내 쪽으로 다가왔어.

지유: 너 참 끈질기다. 그걸 뭘로 증명할 건데?

민호: 그러는 넌 별이랑 네가 움직이지 않았다는 걸 증명할 수 있니?

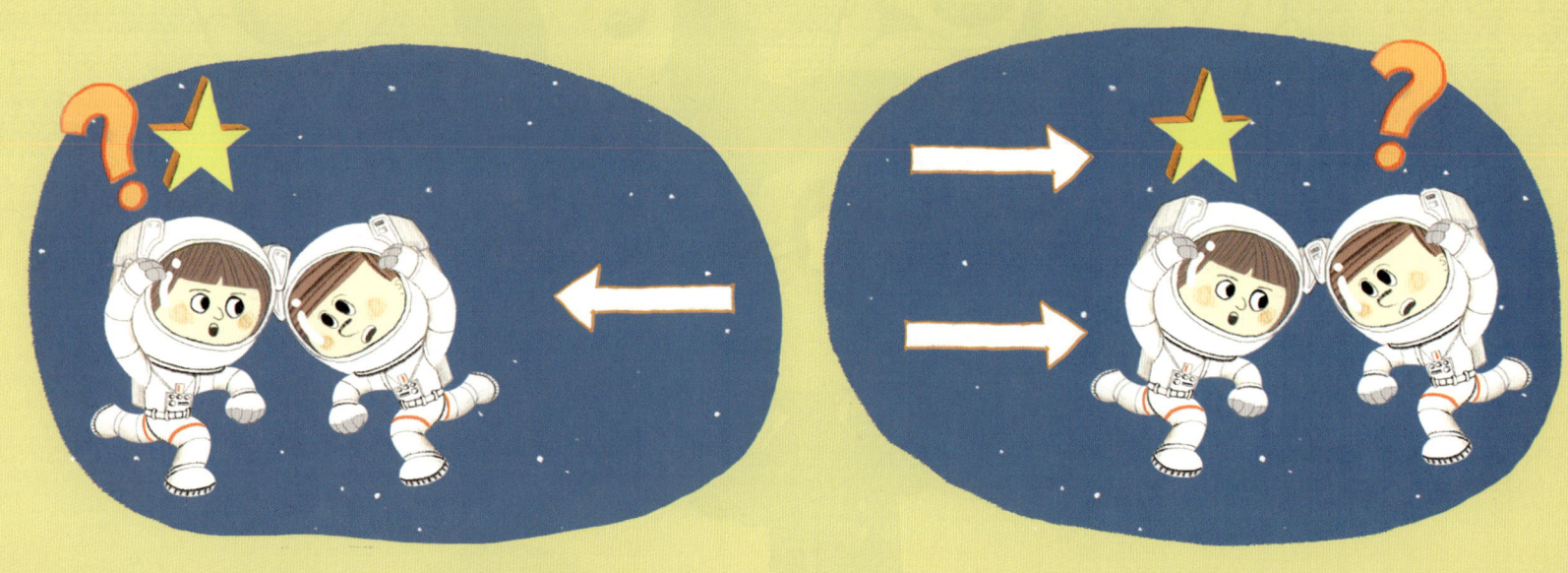

그렇습니다. 이런 경우에는 둘 중 누가 움직였는지 알아낼 방법이 없습니다.
다른 별이나 은하를 기준으로 삼아도 마찬가지입니다.
모든 별과 은하는 항상 움직이고 있기 때문이지요.
아인슈타인은 이 문제를 곰곰 생각하다가 다음과 같이 결론지었습니다.

> 두 사람은 누가 움직이고 누가 멈춰 있는지 판단할 수 없다.
> 즉, 지유의 말도 옳고, 민호의 말도 옳다.
> 우주에는 누가 움직였는지를 알려 주는 고정된 기준이 없기 때문이다.
> 그리고 지유와 민호의 주장이 모두 맞으려면,
> '지유가 바라보는 우주'와 '민호가 바라보는 우주'는
> 똑같은 물리 법칙을 따라야 한다!

아인슈타인은 '빛의 속도는 누가 봐도 변하지 않는다'는 것과
'서로 상대방에 대하여 움직이는 두 사람에게 물리 법칙은 똑같아야 한다'는
두 가지 기본 원리에서 출발하여 뉴턴의 물리학을 수정했습니다.
이렇게 탄생한 것이 바로 과학 역사상 최고의 이론 중 하나로 꼽히는
특수 상대성 이론입니다.
원리는 좀 새롭긴 하지만 대충 이해할 수 있을 것 같은데,
여기서 얻은 결과는 혀를 내두를 정도로 유별났지요.

특수 상대성이

특수 상대성 이론에 의하면 움직이는 물체는
길이가 짧아지고, 시간은 느리게 가고, 질량은 커집니다.
지유가 볼 때 움직이는 민호의 몸이 홀쭉해진다는 뜻이지요.
하지만 '지유가 움직였다'는 민호의 주장도 똑같이 옳기 때문에,
민호의 눈에는 지유가 홀쭉해진 것처럼 보입니다.
어떻게 그럴 수 있냐고요?
지유와 민호에게 물리 법칙이 같아지려면 그렇게 되어야 합니다.
우리의 우주는 원래 그런 곳이랍니다. 그동안 우리가 몰랐던 것뿐이지요.

하지만 길거리에서 쌩쌩 달리는 자동차를 아무리 눈여겨봐도
자동차의 길이는 거의 변하지 않습니다.
자동차의 길이가 눈에 띌 정도로 짧아지려면
자동차의 속도가 빛의 속도에 가까울 정도로 빨라야 하기 때문입니다.
물론 자동차나 비행기를 타고 움직일 때에도 길이가 줄어들긴 하지만,
줄어든 양이 너무 작아서 거의 표가 나지 않지요.
이처럼 특수 상대성 이론의 결과는 일상에서 확인하기 어렵습니다.
그러나 우주 전체가 그런 희한한 법칙을 따른다는 것은
지난 100년 동안 다양한 실험을 통해 사실로 확인되었답니다.

아인슈타인은 특수 상대성 이론을 1905년에 발표했는데,
바로 그해에 또 다른 이론들도 연달아 발표했습니다.
과학의 역사를 바꿀 연구들이 단 1년 사이에 와르르 쏟아져 나온 것입니다.
몇 년 전까지만 해도 직장을 구하지 못하여 괴로워하던 젊은 청년이
단숨에 최고의 물리학자가 되었습니다. 그야말로 인생 역전이지요.
그래서 과학자들은 뉴턴이 운동 법칙을 발견한 1666년 **기적의 해**에 이어
1905년을 **두 번째 기적의 해**라고 부른답니다.

아인슈타인은 여기에 만족하지 않고 곧바로 다음 연구를 시작했습니다.
특수 상대성 이론은 '물체가 일정한 속도로 움직일 때' 적용되는 이론인데,
실제로 대부분의 물체는 움직이는 동안 속도가 변하기 마련이지요.
그래서 아인슈타인은 10년 동안 이 문제를 파고든 끝에
'속도가 변하는 물체에 적용되는 상대성 이론'을 완성했습니다.
이것이 바로 역사에 길이 남을 업적인 **일반 상대성 이론**이랍니다.

일반 상대성 이론은 지구와 태양의 움직임뿐만 아니라
우주의 과거와 현재, 그리고 미래까지 알려 주는 엄청난 이론입니다.
중력이 너무 강해서 주변의 모든 물체를 잡아먹는 **블랙홀**도
일반 상대성 이론 덕분에 세상에 알려지게 되었지요.
기적의 해 이후로 서서히 명성을 쌓아 가던 아인슈타인은
1916년에 일반 상대성 이론을 발표하면서 세계 최고의 물리학자를 넘어
세계에서 제일 유명한 사람이 되었습니다.

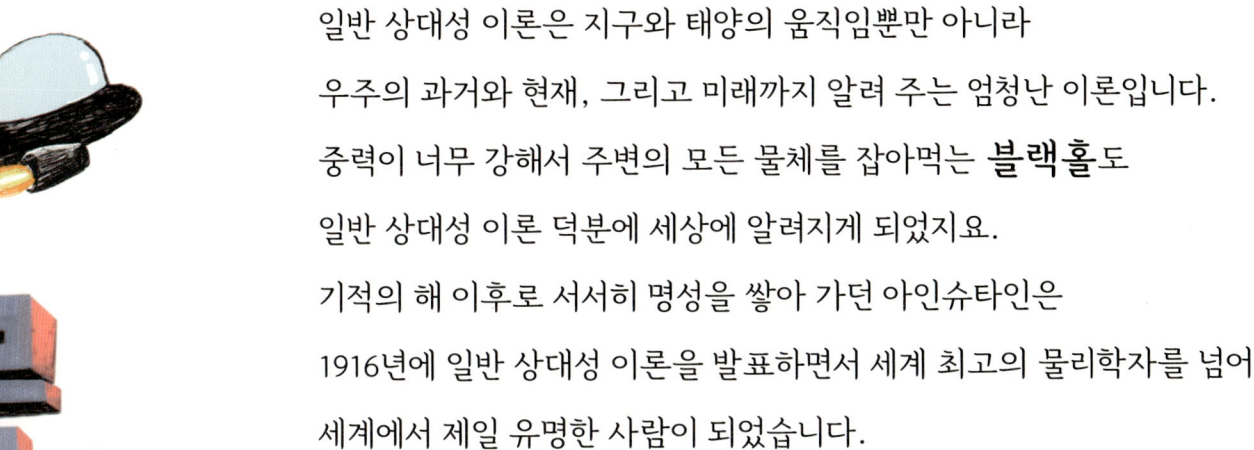

아인슈타인은 1910년부터 1920년 사이에 무려 여덟 번이나
노벨상 후보에 올랐지만 한 번도 상을 받지 못했습니다.
상대성 이론이 너무 어려워서 심사 위원들이 제대로 이해하지 못했기 때문입니다.
하지만 아인슈타인의 명성이 너무 높아져서
더 이상 노벨상을 주지 않고 버티기도 어렵게 되었지요.

그리하여 아인슈타인은 상대성 이론이 아닌 다른 이론을 개발한 공로로 1921년에 노벨 물리학상을 받았습니다.
그 이론이란 기적의 해인 1905년에 발표한 **광전 효과**였지요.
물론 이것도 역사에 길이 남을 위대한 업적이지만,
아인슈타인의 최고 걸작은 누가 뭐라 해도 상대성 이론이었습니다.

● **광전 효과** 빛이 아주 작은 알갱이로 이루어져 있음을 보여 주는 현상. 아인슈타인은 1905년에 이 현상을 이론적으로 완벽하게 설명해 냈습니다.

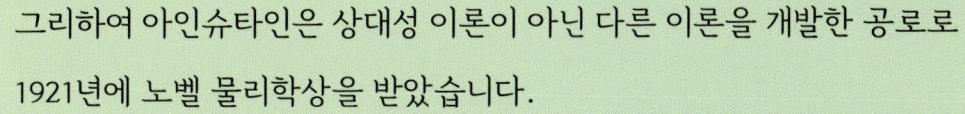

그러나 천하의 아인슈타인도 큰 실수를 한 적이 있습니다.
1927년에 벨기에의 천문학자 조르주 르메트르가 일반 상대성 이론을 분석하다가
'우주가 점점 커지고 있다'는 놀라운 결론에 도달했습니다.
얼마 후 그는 아인슈타인에게 이 사실을 알렸지만,
아인슈타인은 절대 그럴 리가 없다며 무시해 버렸지요.
그래도 속으로는 찜찜했는지, 자신이 만든 일반 상대성 이론을 조금 수정해서
우주가 절대로 커지지 않도록 만들어 버렸습니다.

그런데 몇 년 후에 미국의 천문학자 에드윈 허블이
우주가 점점 커지고 있다는 것을 확실하게 증명했습니다.
이 소식에 큰 충격을 받은 아인슈타인은
자신이 수정했던 일반 상대성 이론을 원래대로 되돌려 놓으면서
"내 인생 최대의 실수"라고 솔직하게 고백했지요.
자신의 실수를 깔끔하게 인정하는 대학자, 정말 멋지지 않나요?

아이고, 내가 틀렸네…….
미안, 르메트르!

아인슈타인이 최고의 명성을 누리던 1920년대에
전 세계의 물리학자들은 **양자 역학**이라는 새로운 이론에 흠뻑 빠져 있었습니다.
양자 역학은 눈에 보이지 않을 정도로 작은 원자 세계의 법칙을 설명하면서
상대성 이론과 함께 뉴턴의 물리학을 대신할 이론으로 한창 뜨고 있었지요.
그런데 양자 역학은 정확한 답을 주는 이론이 아니었습니다.
예를 들면 '답은 A이거나 B일 수도 있고, 또는 C일 수도 있다'는 식이었지요.
하지만 아인슈타인은 답이 하나로 나오는 정확한 물리학을 고집했기 때문에,
뜬구름 잡는 듯한 양자 역학을 별로 좋아하지 않았습니다.

1927년, 유명한 과학자들이 벨기에에 모여 토론을 벌이던 자리에서
당대 최고의 물리학자 아인슈타인과 양자 역학을 굳게 믿는 닐스 보어가
서로 자기 생각이 옳다며 제대로 한판 붙었습니다.
이것이 바로 그 유명한 **솔베이 논쟁**이지요.
그 자리에서 아인슈타인은 "신은 주사위 놀이를 하지 않는다."라면서
양자 역학을 강하게 비난했지만, 이미 기울어진 흐름을 바꿀 수는 없었습니다.
결국 이 논쟁은 닐스 보어의 승리로 끝나고 말았지요.

이 일을 계기로 양자 역학을 연구하던 젊은 물리학자들은
아인슈타인을 한물간 노학자로 취급하기 시작했습니다.
그러나 아인슈타인은 오래 간직해 온 신념을 포기하지 않고
양자 역학을 뛰어넘는 사상 최고의 이론을 개발하기로 마음먹었습니다.

양자 역학에는 무언가 중요한 것이 빠져 있다.
양자 역학이 정확한 답을 주지 못하는 것은 바로 이런 이유 때문이다.
나는 자연의 원리를 있는 그대로 설명하는
완벽한 이론을 찾을 것이다. 이것이야말로 나에게 주어진 마지막 사명이다.

그 후 아인슈타인은 다른 연구를 모두 접고
우주의 모든 현상을 설명해 낼 수 있는
어마어마한 이론을 연구하기 시작했습니다.
어려운 말로 **통일장 이론**이라고 하지요.
이것이 얼마나 어려웠는지,
아인슈타인의 머리는
어느새 백발이 되어 버렸습니다.

1955년 4월 19일, 세계 각국의 신문에 일제히 똑같은 기사가 실렸습니다.

"우리 시대 최고의 과학자, 자신의 연구를 끝내지 못한 채 세상을 떠나다."

기사 밑에는 아인슈타인이 생전에 쓰던 책상과
주인을 잃은 연구 노트 사진이 함께 실려 있었지요.
그렇습니다. 아인슈타인은 마지막 꿈을 끝내 이루지 못하고
76세의 나이로 우리 곁을 영원히 떠나갔습니다.
그가 세상을 떠나기 전에 의사가 수술을 권했는데,
아인슈타인은 눈을 지그시 감고 이렇게 말했다고 합니다.

"제가 원할 때 가고 싶습니다. 억지로 생명을 연장하는 것은 무의미합니다.
나는 내 할 일을 다 했고, 이제 갈 시간이 되었습니다.
부디 제가 우아한 모습으로 갈 수 있게 도와주시기 바랍니다."

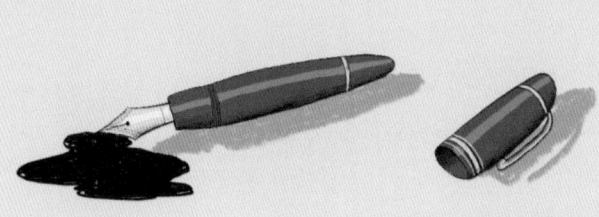

지금 현대 물리학을 떠받치는 두 개의 커다란 기둥은
양자 역학과 일반 상대성 이론입니다.
그런데 양자 역학은 수백 명의 물리학자들이 수십 년에 걸쳐 완성했지만,
일반 상대성 이론은 아인슈타인이라는
단 한 사람의 머릿속에서 탄생한 이론이지요.
이것만 봐도 그가 얼마나 뛰어난 천재였는지
쉽게 짐작할 수 있을 겁니다.

아인슈타인의 창의적인 연구를 이어받은 일부 물리학자들은
그가 완성하지 못했거나 확인하지 못한 이론을 끝까지 파고들었습니다.
이들 중에는 노벨상 수상자가 무려 열 명도 넘게 나왔지요.
그러나 아인슈타인이 마지막 순간까지 매달렸던 통일장 이론은
거의 70년이 지난 지금도 아직 완성되지 않았습니다.
혀를 길게 내민 그의 익살스러운 표정이 이렇게 말하는 것 같네요.

그것 봐, 무지하게 어렵지?
내 머리카락이 괜히 하얘졌겠어?

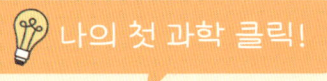

아인슈타인과 밀레바

아인슈타인의 부인 밀레바 마리치는 아인슈타인과 같은 대학교,
같은 학과에 다니는 학생이었습니다. 물리학과의 유일한 여학생이었지요.
여자가 대학교에 진학하는 경우가 거의 없었던 그 시절에
유럽의 명문인 취리히 대학에 입학했으니, 엄청나게 똑똑했을 겁니다.
처음에 아인슈타인은 밀레바를 열심히 쫓아다녔지만,
밀레바는 눈길도 주지 않았다고 합니다.
그녀에게는 연애보다 공부가 더 중요했기 때문이지요.
그러나 아인슈타인의 끈질긴 애정 공세에 넘어가
결국 결혼까지 하게 되면서 도중에 학교를 그만두었습니다.
기적의 해인 1905년에 아인슈타인은 네 편의 논문을 심사 위원에게 보냈는데,
처음에는 논문의 저자 이름을 쓰는 칸에
'알베르트 아인슈타인'과 '밀레바 마리치'의 이름이 함께 적혀 있었습니다.
아인슈타인과 밀레바가 함께 연구했다는 뜻이지요.
얼마 후 심사 위원의 요청을 받아 아인슈타인은 논문을 조금 수정하여 다시 보냈는데,
이상하게도 두 번째로 보냈을 때는 밀레바의 이름이 빠져 있었습니다.
흠, 뭔가 수상한 냄새가 나는군요.
불과 몇 년 전까지만 해도 직장을 구하지 못해서 방황하던 청년이

결혼 후에 곧바로 엄청난 논문을 네 편이나 썼다는 것도 이상합니다.
그래서 역사학자들 중에는 아인슈타인이 1905년에 논문을 쓸 때
아내인 밀레바의 도움을 받았다고 생각하는 사람이 꽤 많답니다.
그 후 아인슈타인은 1919년에 밀레바와 이혼했고,
1921년에 받은 노벨상 상금 약 13억 원 전부를 밀레바에게 주었습니다.
그것 참, 갈수록 의심스러워지는군요.
하지만 1916년에 완성한 일반 상대성 이론과 그 후에 쌓은 명성은
아인슈타인의 능력으로 얻은 것이 확실합니다.
아내에게 남몰래 과외 공부를 받았건, 숨어 있던 천재성이 뒤늦게 발휘되었건 간에
아인슈타인은 누가 뭐라 해도 20세기 최고의 과학자였습니다.

아인슈타인과 밀레바

🔍 나의 첫 과학 탐구

아인슈타인과 원자 폭탄

아인슈타인이 1905년에 발표한 특수 상대성 이론에서 가장 유명한 결과는
$E = mc^2$이라는 공식입니다. 한글로 읽으면 '이는 엠씨 제곱'이지요.
이 공식을 쉬운 말로 풀어서 쓰면 '아주 작은 질량도 몽땅 에너지로 변하면
상상을 초월하는 에너지를 발휘할 수 있다'는 뜻입니다.
그 후 독일의 과학자들이 원자핵•에서 이런 현상이 실제로 일어난다는 것을 발견했고,
이 원리를 이용하여 무시무시한 폭탄을 연구하기 시작했습니다.
바로 원자 폭탄(핵폭탄)이지요. 1939년, 독일의 히틀러가
제2차 세계 대전을 일으키면서 미국도 전쟁을 하게 되었습니다.
독일의 과학자들이 오래전부터 원자 폭탄을 개발해 왔다는 것을 잘 알고 있던
아인슈타인은 당시 미국 대통령이었던 루스벨트에게 다음과 같은 편지를 보냈습니다.
"전쟁에서 이기려면 하루빨리 원자 폭탄을 만들어야 합니다.
이 전쟁은 원자 폭탄을 먼저 만드는 나라가 이기게 되어 있습니다."

• **원자핵** 원자의 중심부에 똘똘 뭉쳐 있는 단단한 덩어리.

루스벨트 대통령은 아인슈타인의 충고에 따라 급히 원자 폭탄을 만들기 시작했습니다.
이것이 바로 '맨해튼 프로젝트'였지요.
미국의 국력을 완전히 쏟아부은 덕분에 원자 폭탄이 완성되긴 했는데,
그때는 이미 독일이 항복한 후였습니다.
다행히 원자 폭탄을 쓰지 않고 전쟁이 끝난 것이지요.
그러나 전쟁을 일으킨 또 다른 나라, 일본이 끝까지 항복을 하지 않자
미국은 일본의 두 도시 히로시마와 나가사키에 원자 폭탄을 떨어뜨렸습니다.
폭탄의 위력에 완전히 질려 버린 일본은 결국 미국에게 항복했고,
이것으로 제2차 세계 대전이 끝났습니다.
그러나 그 후에도 러시아, 영국, 프랑스, 중국, 인도, 파키스탄 등이
연달아 원자 폭탄을 갖게 되면서 세계는 또다시 위험에 빠지게 되었지요.
아인슈타인의 상대성 이론은 과학에 지대한 공헌을 했지만
부작용도 만만치 않았습니다.
과학은 어떤 목적에 쓰는가에 따라 약이 될 수도, 독이 될 수도 있답니다.

히로시마와 나가사키에 떨어진 원자 폭탄

글 박병철

연세대학교 물리학과를 졸업하고 한국과학기술원(KAIST)에서 이론물리학 박사 학위를 받았습니다. 30년 가까이 대학에서 학생들을 가르쳤으며 지금은 집필과 번역에 전념하고 있습니다. 어린이 과학동화 《별이 된 라이카》, 《생쥐들의 뉴턴 사수 작전》, 《외계인 에어로, 비행기를 만들다!》를 썼습니다. 2005년 제46회 한국출판문화상, 2016년 제34회 한국과학기술도서상 번역상을 수상했으며, 옮긴 책으로는 《프린키피아》, 《페르마의 마지막 정리》, 《파인만의 물리학 강의》, 《평행우주》, 《신의 입자》, 《슈뢰딩거의 고양이를 찾아서》 등 100여 권이 있습니다.

그림 토리

홍익대학교에서 미술 공부를 하고 다양한 일러스트레이션 작업을 하고 있습니다. 책을 통해 많은 사람들과 이야기하고 싶은 꿈을 마음에 품고 그림을 그리고 있답니다. 그린 책으로는 《사라져 가는 남태평양의 보물섬》, 《신랑감 찾은 두더지》, 《삼년고개》, 《바느질은 내가 최고야》, 《거짓말 삽니다》, 《브레멘 음악대》 등이 있습니다.

나의 첫 과학책 13 — 알베르트 아인슈타인

1판 1쇄 발행일 2023년 7월 31일 | 1판 2쇄 발행일 2024년 1월 22일
글 박병철 | **그림** 토리 | **발행인** 김학원 | **편집** 이주은 | **디자인** 기하늘
저자·독자 서비스 humanist@humanistbooks.com | **용지** 화인페이퍼 | **인쇄** 삼조인쇄 | **제본** 다인바인텍
발행처 휴먼어린이 | **출판등록** 제313-2006-000161호(2006년 7월 31일) | **주소** (03991) 서울시 마포구 동교로23길 76(연남동)
전화 02-335-4422 | **팩스** 02-334-3427 | **홈페이지** www.humanistbooks.com

글 ⓒ 박병철, 2023 그림 ⓒ 토리, 2023
ISBN 978-89-6591-515-7 74400
ISBN 978-89-6591-456-3 74400(세트)

- 이 책은 저작권법에 따라 보호받는 저작물이므로 무단 전재와 무단 복제를 금합니다.
- 이 책의 전부 또는 일부를 이용하려면 반드시 저작권자와 휴먼어린이 출판사의 동의를 받아야 합니다.
- **사용연령 6세 이상** 종이에 베이거나 긁히지 않도록 조심하세요. 책 모서리가 날카로우니 던지거나 떨어뜨리지 마세요.